台灣軍機賞

護衛領空的戰機觀賞

作者：「IDF 經國號」FB 粉絲專頁 燎原出版編著
監修：俞冠華
攝影：王紹翔
主編：區肇威（查理）
封面設計：黃暐鵬
內頁排版：宸遠彩藝
社長：郭重興
發行人兼出版總監：曾大福
出版發行：燎原出版／遠足文化事業股份有限公司
地址：新北市新店區民權路 108-2 號 9 樓
電話：02-22181417
傳真：02-86671065
客服專線：0800-221029
信箱：sparkspub@gmail.com

法律顧問：華洋法律事務所／蘇文生律師
印刷：博客斯彩藝有限公司
ISBN：9786269637737
9786269637744 (PDF)
9786269637751 (EPUB)

出版：2022 年 10 月／初版一刷
定價：420 元

台灣軍機賞：護衛台灣領空的空軍戰機觀賞 /「IDF 經國號」FB 粉絲專頁，燎原出版編著 . -- 初版 . -- 新北市：遠足文化事業股份有限公司燎原出版，2022.10
64 面；21×25.7 公分
ISBN 978-626-96377-3-7(平裝)

1.CST: 軍機

598.6　　111015756

序

「IDF經國號」粉專

王紹翔

七月中的一通電話，促成了這本《台灣軍機賞》的誕生。

當時查理大哥問筆者，有沒有興趣把幾年來拍的飛機、寫過的文章整理成冊，成為一本有關空軍的全民國防讀本？因筆者本身對燎原出版的書多有喜愛，可算是所謂「鐵粉」，當下毫不猶豫答應。

猶記多年前初次拜訪大鵬主委，筆者談論的主題是「全民國防」，這是大鵬在國防部長任內一直努力推動的目標，這四個字也在近期台灣社會的輿論中，成為越來越多人討論的顯學。

但全民國防絕對不是停留在白紙黑字，或所謂紀念大會的致詞中，而是要賦予大眾能參與、接觸的機會。軍機絕對是日常生活中，最貼近大眾有關國防的事務，無論是基地開放或各項戰演訓，天上飛的戰機總是人們的焦點。因此希望透過簡單易懂的文字與圖說，讓大家了解中華民國空軍的任務，以及各項武器裝備的外觀、作用及性能。

而即將除役的F-5E/F，與將成為未來20年捍衛台海空防主力的F-16V是本書的主要內容，將著重於這兩種戰機的細節介紹。同時輔以F-CK-1、幻象2000-5戰機相關內容，以及挑選筆者拍攝最好的照片，打造出一本人人能看懂的讀本。

筆者認為全民國防的本質是在物理（飛機、火砲）和心理（認同感）上，讓大眾能了解我們國軍的使命、任務，以及平常都在做些什麼，進而從心支持各項建軍作為。

感謝各路同好前輩的相助，讓本書能夠順利完成，同時感謝「IDF經國號」臉書粉專的粉絲朋友們，以及一路支持著筆者拍照、寫文的大鵬主委，讓筆者有繼續向前的動力。

這本書，也獻給所有一年365天24小時全天候戰備的空軍飛行、地勤教官們。

推薦序

國軍退除役官兵輔導委員會主委

馮世寬

第一次見到本書作者王紹翔時，他還是個高中生，那得體的應對，讓我感覺他是出身於家教良好的家庭，這麼年輕對軍事就有如此的興趣，而且告訴我：未來想當一名軍事記者及評論家，給我留下了深刻的印象。

再見面時他已是東海大學的高材生，他與我暢談「全民國防」的理論，並欲安排我去給他們同學上課。當時我就特別推薦他一定要閱讀二本書；第一本是齊邦媛女士的《巨流河》，它道盡了中國近代的苦難與滄桑，第二本是《戰後的美日同盟真相》，一位日本外交官孫崎享寫的，詳述了昔時日本在政治與軍事上不為人知的限制與困境，我希望他因此奠立出類拔萃的基礎。

喜聞他將全民渴望的軍事題材，以圖文並茂，詳加註釋的方式相結合，並以F-16A/B及F-16V型機，以及為空軍立下戰功的F-5E/F做本書的主軸，盼望啟發國人「愛國、愛家、恢復自信、支持國防自主」，來促進全民國防的真諦。

值得一提的是本書贈品桌曆特別納編了，我「國機國造」的結晶，勇鷹號高級教練機，拍的那麼完美生動，見之有如我就在勇鷹的座艙裡，見證了她高超性能與安全性。

這本書的問世，將給我們帶來全新的國防共識是可預期的，並祝《台灣軍機賞》一書之後，還有續集讓我們一起來等待。

主 委

大鵬

2022.09.28 敬題

來自歐洲、法國著名達梭公司製作的幻象 2000-5 型戰鬥機，是台灣少數的非美系戰機。幻象 2000 的大三角翼、無水平尾翼的造型，是海內外航空愛好者一致公認的漂亮寶貝。取代原本以「狼嚎」之稱著名的 F-104 戰鬥機。幻象 2000 目前是以新竹空軍基地的第二戰術戰鬥機聯隊為家，負責拱衛北台灣的天空。

法蘭西遊俠

法國達梭
幻象2000-5型戰鬥機

漂亮的三角翼護衛天使

空軍的幻象 2000 戰機受到國內外航空和軍事同好的喜愛，過去每一年的基地開放，甚至有國外的同好冒著進入基地的申請可能不被批准的情況下，安排到新竹一窺它的身影。

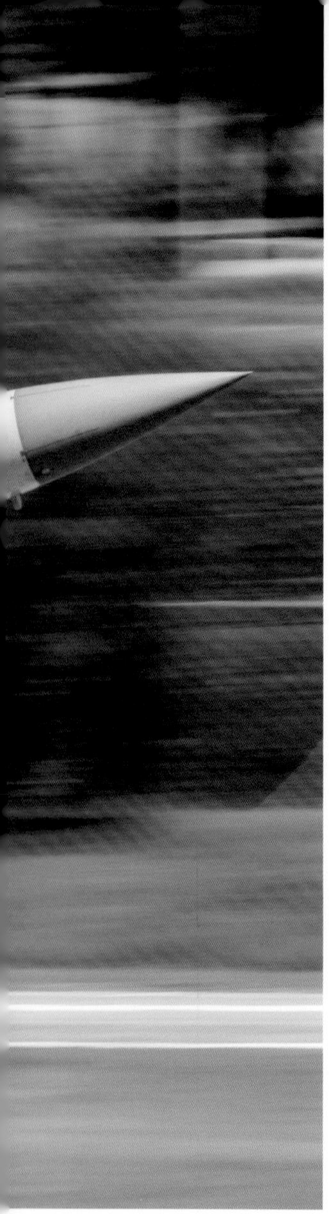

夕陽輝映下，幻象 2000 更顯漂亮。賞機跟賞風景的不同，你永遠不知道在何時會看到哪一種飛機。軍機跟我們的生活非常貼近，因爲他們都在守護居住在這個土地上的每一個人。

從正面觀機號 2029 的幻象 2000 戰機，這架戰機在機翼下左右各掛載了一枚副油箱。武器只有右翼的「魔法 2 型」空對空飛彈。幻象 2000 從中貼近機身剖開兩個半圓的發動機進氣口，使得它跟 F-16 有很大的外型差異。

台灣航空工業團隊根據累積的航太發展經驗與技術，開發出輕型、推力大，自製率高的戰鬥機。人們以 IDF 記得這款飛機，但 F-CK-1 才是他的正式編號。除此以外，F-CK-1 的武器彈藥都是自行設計與生產，包括天劍一、二空對空飛彈。最引起話題的是台灣研發的萬劍機場聯合遙攻武器（簡稱萬劍彈），是 F-CK-1 對地打擊的一大利器。台南、清泉崗都是 F-CK-1 出沒的地方。

國機國造代表

台灣漢翔
F-CK-1經國號戰鬥機

匯聚台灣高科技打造的悍將

熱焰彈，是軍機爲了誘使敵方以紅外線導引方式的地對空飛彈和空對空飛彈所投放的，這些用鎂或者其他金屬燃燒劑的熱焰彈，可以產生更高於飛機發動機噴口的溫度。非戰時的話，可以作爲模擬投彈的動作，向地面展示該機已經丟下了炸彈。

掛載了 SUU-20 投彈訓練器與 BDU-33 二十五磅練習彈的經國號戰機，在水溪靶場執行炸射訓練。飛行員需要經常地複習他們學過的戰技。白色的投彈練習器，可以容納多枚漆成藍色的練習彈，在不使用炸藥的情況下，知道投擲是否準確。

經國號戰機的日常

經國號戰機機首特寫。在空速管下方是二十八戰術戰鬥機中隊的隊徽，這個從抗戰時期中美混合團開始使用的隊徽，將噴氣的飛龍作爲主體，展現出「勇猛、剽悍、堅強」的精神。

執行拖靶機任務的 F-CK-1 戰機，過去這種任務都是由 F-5 戰機來執行，現在已經轉交給 F-CK-1 戰機，經過了適當的改裝之後，從 2018 年起正式擔任實彈射訓拖靶任務機了。白色的物體是 RM-30B 鋼纜牽引器，橘色的是 TDK-39A 電子感應靶，它們都不是武器彈藥。

自由世界的著名機

美國諾斯洛普 X 台灣漢翔
F-5E/F「虎II式」戰鬥機

台灣大規模生產的藍天戰士

F-5 是美國在冷戰期間軍援自由世界國家最常見的輕型戰鬥機。台灣與美國簽訂合約，由諾斯洛普公司授權漢翔公司在台灣組裝 308 架 F-5E/F 戰鬥機，為日後發展航太事業奠定了基本技術能量，是台灣研發飛機的重要里程碑。F-5 作為訓練新一代戰鬥機飛行員的使用機型，稱為部訓機，已不再擔任戰備任務。F-5 又以多姿多采的機身塗裝而引起人們的注意。你可以在台東志航基地捕抓到 F-5 的蹤影。

「披著虎皮」的戰機。F-5 是名副其實的老虎戰機，雖然已經來到了任務結束的倒數時期，但依然在崗位上盡忠職守。最新一款的虎紋塗裝是來自一個最後沒有機會完成的 Tiger-2000 的升級案，能夠再次出現在今天的 F-5 機身上，也算是一個完美的結局。

J85 噴射發動機的噴口清楚看到炙熱的噴焰，這時的 F-5F 的前輪已經呈現起飛前的翹高狀態，這個兩段式升降鼻輪在台灣是 F-5E/F 特有，專有名稱是「鼻輪減振支柱伸長」（HIKE）。有了它，F-5E/F 可以有更好的短場起飛性能，縮短了它的起飛距離。

任務結束倒數中！

駕駛艙外的機體，漆上了四十六中隊的隊徽，下面還寫了「TOP GUN」。這不是模仿美國海軍戰鬥機武器學校的字眼，而是台灣從美國引進，最後在台灣生根的假想敵中隊的濫觴。台灣的 TOP GUN 也是彪悍的一群飛行員，他們爲空軍的空戰戰技的訓練有不可磨滅的功勞。

「我在老虎窩的日子」。F-5 所在的志航基地，將有新的「勇鷹」高級教練機和 F-16V 戰機進駐。未來所謂的「老虎窩」將成爲歷史名詞，現在還有幸可以在跑道上看到 F-5E/F 戰鬥機。

曲線與造型充滿科幻的鳳凰

美國洛克希德馬丁
F-16「戰隼式」戰鬥機

捍衛領空的傑作機

F-16 代表了美國與其盟友在世界各地的作戰履歷，是台灣三款二代機裡面最具有戰鬥經驗且生產數量最多的一款戰鬥機。原本只是爲了彌補美國重型戰鬥機的不足所研發的 F-16，最後卻意外成爲自由世界的捍衛戰士。超過 25 個國家有 F-16 機隊，它們全面性的作戰性能，使得各國在採購戰鬥機時都會考慮 F-16。你在嘉義、花蓮都有機會看見 F-16。台美合作改裝升級的我們稱爲 F-16AM（單座）、F-16BM（雙座），或簡稱 F-16V。

F-16戰隼式戰機的研發歷程

不看好的「醜小鴨」變成全球搶手的「大獵鷹」？

捍衛自由世界天空的衛兵

全球知名，產量超過四千六百架，美國洛克希德馬丁（Lockheed Martin）公司行銷全球的戰鬥機——F－16，如今有超過三〇〇〇架、不同批次的同型機，在二十五國空軍肩負捍衛自由世界國家領空的重責大任，包括中華民國的空軍在內。這是美國自F－4「幽靈II式」歷史性達到五一九五架之後，生產量排名第二多的傑作戰鬥機。原本由通用動力公司研發、生產的F－16戰鬥機，是美國空軍為了填補F－15高昂的建造費，所提出來的折衷方案。這個計畫是要製造一款靈活、價格低廉的輕型戰鬥機。雖然有這些要素，但並不代表F－16就是一架能力不足的戰鬥機。

在七〇年代，F－16的外形給人科幻感十足的印象，很快就吸引了全球航空愛好者的目光。氣泡式的無隔框艙罩，將過去固定在前方風擋與艙罩合而為一，飛行員有絕佳的視野，不再被隔框所阻礙，是空戰纏鬥的一大優勢。採用機翼與機身融合的「翼身融合」設計，獨特的機腹發動機進氣口，成為了F－16代表性的外觀。

隨著飛得更快、更高、更遠，對飛機各種系統與功能的需求提升。由於這樣的不平衡設計外形，F－16必須有更先進的方式來解決飛行員能夠安全控制飛機的機制，更輕便且精密度更高的「線傳飛控」便因此應運而生。放棄了過去人們所熟悉的機械性纜線的控制方式，改用電線串連，透過電力訊號進行控制，成為全世界第一款採用線傳飛行控制系統（Fly by Wire）的戰鬥機，F－16是人們談論新一代戰機不可迴避的話題。如今不光是軍機，就連新一代的民航機也大都採用了「線傳飛控」。

發表沒有多久，F－16即以操作方便、功能多元且價格相較於F－15低廉的訴求，獲得多國空軍的關注。

洛克希德馬丁成功將互通性和先進技術，結合到經過驗證

開發黎明期的 F-16，著名的紅白藍塗裝深入全球航空愛好者心中，Y 表示這是一架實驗機。（Lockheed Martin）

特殊的下機腹進氣口以及氣泡式座艙罩，成為 F-16 最為人知的外型特徵，使人很難會辨識錯誤（Bundesheer）。

已經換上了美國空軍機號的第二架 F-16 原型機，誰會想到在歷經了幾十年的發展之後，F-16 會成為另一個代表美國及自由世界空權的象徵。（USAF）

的設計當中。這種原本就準備作為近戰纏鬥的輕型戰機，歷經多次的改進與升級、裝備更強而有力的發動機之後，開始掛載更多的武器彈藥。裝備了遠程空對空飛彈，F-16成了高空攔截機，它的能力不但成為對地攻擊的理想機型，在台灣更成為少數具備攻船打擊能力，以及空中偵察拍照的功能。空重八．六噸，卻可以掛載比二戰B-17轟炸機四．九噸炸彈還要多的武器彈藥，達五噸之多。這種一機多用的概念，使得F-16不光成為世界傑作機代表，還是各國空軍積極想要引進的機型。

F-16根據時代的演進，不斷進行現代化的細部修改與升級，因此很快累積了超過二十種的衍生機型，在機型後面會以「批次」（Block）來加以識別。最新機型是F-16E／F批次70／72，或較為人知的是F-16V。這是安裝了最新型射控雷達（用於偵測敵機、發射和引導飛彈的雷達）以及最新的航空電子系統的F-16，是為了我國空軍改裝原有機隊F-16的需求而開發的計劃。F-16的成功，使得日本在研發新一代戰鬥機時，也採用了本機的經驗，開發出航空自衛隊使用的F-2戰機。

中華民國空軍

世界主要F-16用戶國

台灣的戰隼式數量名列前十大，是世界主要用戶之一。台灣 1992 年取得 F-16，過程可以說充滿了驚奇，如今 F-16 陸續完成的升級，更是把這個故事推向另一個高峰。

「轟 ~~~~」加速起飛的戰隼，從背後可以看見國軍的所有二代戰機分布在停機坪上。

F-16 機首特寫，包括進氣口、機槍口等構造清晰可見。

在蔣經國主政年代，空軍就已經開始向美國爭取一五〇架F－16的訂單。但是都沒有等到來自美國的好消息。直到老布希總統在一九九二年競選連任的時候，在德州的渥斯堡飛機製造廠，宣布了金額高達六十億美金，出售一二〇架A型與三十架B型，代號為「和平鳳凰計畫」（Peace Phoenix）的重大消息。直到這時為止，台灣開始引入全天候、現代化的多功能戰鬥機，為捍衛領空的軍機注入活水。在當時，官方通常以二代機來稱呼在九〇年代取得的戰鬥機，除了F－16之外，還有法製的幻象2000，以及台灣自製、漢翔生產的F－CK－1「經國號」戰鬥機。當時台灣購得的是F－16A／B批次20的改良型戰機。

F－16在台灣的藍天，捍衛二三〇〇萬人追求的生活方式的自由與權利。這款有別於過往F－104以及F－5戰鬥機性能的飛機，很快成為台灣民眾心中的愛機。然而，面對多年的使用與操作，F－16已經開始在捍衛領空的任務上，逐漸出現世代落差的問題，是尋求後續機型的時候了。在陳水扁主政時期，台灣即積極向美國表達採購新一代F－16C／D型的需求，可是總是被美方已讀不回。最後到了歐巴馬時期，美方向馬英九政府表達願意以現代化改裝的方式，升級台灣現有的F－16機隊，從而使得台灣可以在短時間、無縫接軌的安排下，迅速提升台灣的戰力與延長操作生命週期，並以F－16V作為新型機型代號。

如今最新世代的F－16批次70／72，其發展跟台灣的F－16的困境有著莫大的關係，裝備了根據F－16V最先進的能力，成為同世代最強戰力的軍機。

取得 F-16 有 30 年的台灣，目前在使用上已經得心應手。

F-16AM（前）與 F-16BM 的編隊訓練飛行。

多功能戰力的提升

戰隼增添外掛的威力

準備就緒的 F-16AM，整備好的 CAP 戰機掛載的除了空對空飛彈外，還有一枚白色、壯碩的飛彈。那就是大家口中常說的打擊艦船的利劍──魚叉飛彈。

為因應台灣周邊海空域的作戰需求，在有限資源的情況下，如何發揮最大的功效，是國軍一直想盡辦法要達到的目標。F-16已經是國際公認的多功能戰鬥機，但還是有一些功能是我們必須要，原廠未必有配備給美軍，在台灣卻能夠實踐的。這就是台灣特別需要而開發或裝備的功能。

空射型魚叉毀艦

國軍是世界少數裝備有美國波音公司生產的全家族魚叉反艦飛彈（Harpoon）的軍隊。我們已經有裝在水面艦上的RGM-84艦射型魚叉，潛艦專用的UGM-84潛射型魚叉。不久還會引入陸射型、裝備在發射車上可以到處機動的魚叉。但對於空軍而言，最重要的是空射型AGM-84魚叉飛彈。

魚叉飛彈顧名思義，就是要用來獵殺船隻的攻船飛彈。一般這款飛彈都是整合在海軍所屬的戰機或P-3巡邏機上，很少在類似F-16這種空軍所屬的飛機裝備魚叉飛彈。這種根據海防的作戰環境所完成的設定計畫，包括台灣在內只有個位數國家的空軍在使用。有了空射型的魚叉飛彈，F-16可以在岸置反艦飛彈的射程之外，反制任何靠近台灣海域的船艦，增加了我們的備戰時間。

想像一隻向著水面俯衝的隼，對著

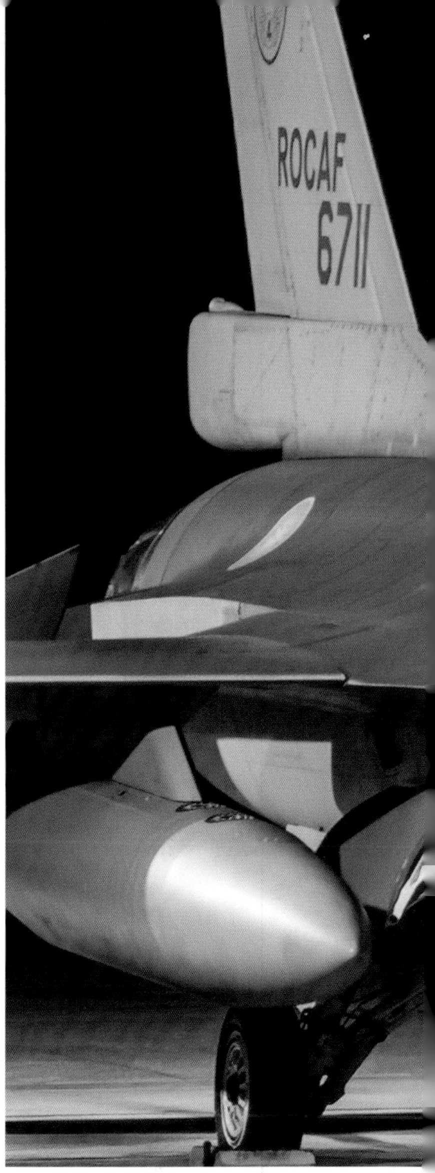

目標釋放爪下強韌的魚叉，被攻擊的對象面對這樣的狀況會發生甚麼結果。

飛行員通過系統，把資料輸入到飛彈的航行電腦中。魚叉飛彈在發射之後，會貼近海面飛行，以躲避敵方雷達的偵測，然後在接近目標時，才急速拉升離開海面，依賴彈頭裡面的雷達追蹤目標、鎖定，最後以三〇度俯衝角朝目標穿入，擊中目標，達到癱瘓敵艦的目的。

鳳凰千里眼

空軍過去都有專門的戰術偵察機，負責執行高空偵照任務，要在敵境或沿岸偵蒐敵軍的最新動態。過去一段時間，我們都是利用戰鬥機快速飛行及脫離的優勢，改裝F-104及F-5戰鬥機成RF-104及RF-5E。這些改裝會犧牲掉改裝機部分原本的作戰功能，所以到了F-16的年代，空軍不再改裝偵察機，只需要在它們的機腹下面，外掛一個秘密裝備，一切的問題就解決了。

「鳳眼計畫」，顧名思義，這個計畫是幫助台灣的鳳凰加上可以看得更遠的千里眼，所以一般我們會通稱這種偵察照相飛機為「鳳眼機」或RF-16。

鳳眼是裝了甚麼眼？那是一種由BAE公司生產，內部具有相當精密的裝備，可依任務需求對目標實施遠距掃描式拍攝的偵照相機。裡面有前視相機、低空全景相機、紅外線5相機，以及GPS衛星定位儀等配備，通常這種掛載在飛機上，經由飛機的動力來運作的外掛裝備，專業術語稱為「莢艙」（Pod）。任何掛載在軍機上，不是彈藥或副油箱的外掛，我們通常都會稱為Pod。鳳眼莢艙全名是「遠程傾斜偵照莢艙」。

這麼重要的配備，空軍已經規畫要再精進，購入可提供日夜全時遠程偵察能力的MS-110新型偵照莢艙。到時候鳳眼機不但看得更遠，也看得更廣，還大幅提升戰術運用彈性以及戰場存活率。

裝備了 LOROP「遠程傾斜偵照莢艙」的鳳眼機。由於外型跟一般的 F-16 沒有太大的差異，所以在執行任務的時候也不容易因爲任務性質而被敵機盯上。

空軍首度公開的鳳眼偵照莢艙所拍攝到、在海上航行的共軍遼寧號航空母艦。爲了隱藏鳳眼偵照機的眞正性能，官方所公佈的偵照結果都經過解析度降階處理。（國防部）

F-16V 的基本武裝，掛載了 AIM-120 與 AIM-9M（俗稱兩長兩短）的 F-16 準備離場。

空軍的日常始於ＣＡＰ　Ｆ－16戰鬥巡邏的一天

天還沒有亮，人們還在家中床鋪睡得最甜的當下，空軍基地內，有一群人開始全神貫注，靜悄悄地開始熱鬧了起來。他們摸黑早起不為別的，為了中華民國領空的安全。這些負責維修戰鬥機的官兵，為空軍一天任務開始做準備——飛行員即將開著他們的愛機，執行每一天始曉的重要任務。內行人都簡稱為ＣＡＰ。

空軍每一個聯隊，每天都會派飛機到中華民國領空的四周圍巡邏，以確保主權的完整，警戒來犯的敵機，以及驅趕越界意圖侵犯我領空的飛機。

ＣＡＰ是Combat Air Patrol的縮寫，「戰鬥空中巡邏」的意思，簡單說就是開著戰鬥機「站衛兵」，實施空中警戒，擋在熟睡的民眾與威脅之間的任務。

飛行員在地面整備人員的協助之下，登上戰機，一切準備妥當，滑行至跑道頭，一聲令下，兩機編隊的任務機就會加大發動機的馬力，朝著跑道滾行、帶桿，起飛了！

ＣＡＰ並不只是在清晨的這一段時間而已。一天當中，空軍都會安排ＣＡＰ的任務，以維護台灣四周圍的安全。

早年臺海局勢詭譎多變，空軍在台灣海峽上空執行空中巡邏，或是掩護外島運補任務的時候，都會有掛載實彈的巡邏機（一批多半為四架）在空中進行警戒任務，隨時因應可能發生的狀況。舉例有「么么」（始曉）偵巡——日出前一個半小時起飛進行ＣＡＰ任務。另外還有常見的「威力偵巡」，以貼近中國大陸沿海方式進行巡邏，因為這時任務中的二號機是最貼近對岸陸地飛行，因此擔任二號機飛行員的壓力也是最大的。到了一九九九年以後，空軍改成只在台灣海峽中線以東進行巡邏，威力偵巡也因此走入歷史，成為空軍前輩們茶餘飯後的話題。

ＣＡＰ其實就是戰鬥機隨時要備戰的任務，因此戰鬥機都是帶了實彈起飛，以應變任何隨時可能發生的威脅。以Ｆ－16戰機而言，無論是原有的Ａ／Ｂ型，或是升級後的Ｖ型，目前最常見的ＣＡＰ任務掛載是ＡＩＭ－９Ｍ響尾蛇短程空對空飛彈，搭配ＡＩＭ－120Ｃ－５／Ｃ－７先進中程空對空飛彈各兩枚，射程分別是短程／中程。機腹中線掛載三〇〇加侖副油箱或機翼下三七〇加侖副油箱兩枚。或依任務需求由長官下達「空中任務指令」（ＡＴＯ），中線掛載可改成電戰／偵照莢艙，中線油箱則改為在機翼下的

「空戰出英雄，地勤一半功」，戰機的維護都要靠這些無名英雄。

「發射！」在台海取得第一個擊落數的響尾蛇飛彈，現今依然在保護台灣的領空。（US Navy）

三七〇加侖副油箱。當然還有他們原有的機砲，也是一個必要的攻擊武器。

難免會有人提出這樣的疑問，為何不多掛一些飛彈？主要是飛彈在組裝後皆開始起算壽限，而多掛會造成飛彈整體壽限縮小，替換零件的頻率增加，抑或是增加任務機起飛時的總重，高耗油導致滯空時間減少，且增加飛行時的阻力，相對來說是一種浪費。但根據前面所提的ATO，隨時可依指令增加掛載數量以因應敵情。

最早的F-16 CAP任務機，機翼下掛載的是AIM-7麻雀飛彈，翼端則是AIM-9P響尾蛇飛彈，機腹中線掛載的是AN/ALQ-184電戰莢艙，其中AIM-9P較早被AIM-9M取代。二〇〇九年中，有媒體報導，空軍開始實施節能減碳政策後，CAP任務機的中線掛載改以三〇〇加侖副油箱取代，原機翼下油箱掛點則空出。後來AIM-7與AIM-9P兩型飛彈被現用的AIM-120與AIM-9M替換，因AIM-7飛彈射程較短，改由陸基方式部署，AIM-9P則是因為被更新的M型所取代。

拂曉出擊的 F-16V，這是國軍戰機的日常。本機在進氣口下加掛了新採購的「狙擊標定莢艙」。

F－16種子教官黃揚德表示，我國空軍的F－16在擔負戰鬥空中巡邏任務時所掛載的構型基本上都以兩長兩短（AIM-120X2、AIM-9MX2）為主，在空戰性能發揮上其實並未有太大影響，且F－16能夠承受不對稱掛載的能力較強，故無論翼端掛載何種飛彈，這隻兇猛的「毒蛇」都有能力將來襲的敵機擊落。

在升級後的F－16V戰機陸續回到空軍服役擔負戰備後，之前多篇報導中看到，有不同於A／B型常見兩短兩中的掛載，而是搭配LAU－129掛架在機翼下多掛載2至4枚的AIM－120，或者是甫交付空軍最新的AIM－9X，後者在搭配聯合頭盔瞄準系統（Joint Helmet Mounted Cueing System, JHMCS）後，可使AIM－9X發揮離軸攻擊的優勢，讓作戰運用更具備靈活度，並且取代原有的AIM－9M。相信在日後更多的F－16V機隊回到空軍，更常看到與現在不同的CAP掛載方式。

完成戰備道整備的幻象 2000，掛載的是 R550 魔術二型（右）和雲母飛彈（左）。

兩長兩短掛載方式出勤的 F-16V，機腹還帶了干擾及抗干擾於一身的 ALQ-184 電戰莢艙。

掛載了台灣國產的天劍一型（灰色）以及天劍二型（白色、機腹下）的 F-CK-1 戰機。

6827

毒蛇換皮！F-16A/B 脫胎換骨成新戰力

完成了現代化改裝的 F-16V，最開始都會以黃色蒙皮的外表出現在人們的眼前。這是還沒有上塗裝的狀態，所呈現是飛機本身最鮮少曝光的亮黃色。這一層鋅鉻黃底漆，代表的是台灣又有了一架升級後準備出廠的新戰力。以黃皮現身的 F-16V，座艙中是資深的試飛員在做進一步的後續改裝工程之前，先完成必要的測試。然後會再回到工廠，完成後續的作業。

成功首購F-16V

開拓全球Viper市場台灣功不可沒

F-16V 的誕生，原本是要解決台灣所面對的困境。爲了彌補美國不出售新一代戰鬥機給台灣的政策，華府轉而以現代化現有 F-16 A/B Block 20 機隊的方式，滿足台灣的空防需求。現代化改裝是現在各國在縮短取得武備時間，減少建設成本的其中一個最佳選擇。現代化之後的 F-16，給予 Viper（簡稱 V）的外號，也是過去飛行員經常用來稱呼 F-16 的暱稱。

舊機換現代化裝備，能力大大提升

F－16V的改裝重點，包括進行機體與航電系統的延壽，機身優化後的戰機，飛行時數可延長到一萬二千小時。選用新型的諾斯洛普·格魯曼公司生產的新型APG－83「可變敏捷波束雷達」（SABR）使得F－16V「看得更遠、打得更早、打得更遠」，探測距離從一八〇公里提升至三七〇公里。配合先進狙擊手莢艙、神射手莢艙，具有更好解析度及偵獲距離，升級後的F－16V可同時執行對地、對海與空中搜索能力，搭配新的武器裝備，戰力提升了一個世代，比現有其他F－16戰機更為強悍。

F－16V很快證明是在各國取得第五代戰機之前的最佳過渡機型，廠商順水推舟，把這個計畫推廣到其他舊F－16的用戶，包括美國空中國民兵，都紛紛採納洛馬的建議，改裝升級成F－16V。

各方原本並不看好F－16V升級案，認為這是「舊瓶換新酒」，了無新意。尤其台灣要購入F－35匿蹤戰機的期待，又再次落空。台灣原本是共同參與美國空軍的F－16V升級案，希望通過這個管道可以確保升級案的順利完成，但美軍最後卻放棄了計畫。幸好台灣在獨資參與的情況下，依然堅持執行，我們今天才能在台灣的天空看到F－16A／B脫胎換骨的過程，是空軍建軍史上再一次的奇蹟。

洛馬在2015年公布於10月16日原型機完成首飛的照片。這架來自愛德華空軍基地的F－16照片，很快在專家之間引起討論，大家引

價值不菲的 JHMCS 頭盔，是戰力提升的關鍵要素之一。（USAF）

著藍色飛行服的試飛員，不同於一般的飛行員，他們的配備會比較自由。

頸企盼的新一代F－16戰機終於走出了關鍵性的一步，而台灣將會在這個歷程擔任重要的角色。

升級後的F－16V最為矚目的是價值一二○○餘萬元新台幣的聯合頭盔瞄準系統（Joint Helmet Mounted Cueing System, JHMCS），整合了戰機對空、對地、對海攻擊等百餘項資訊，飛行員經由頭盔可獲取飛機所有資訊，包含來自雷達、莢艙等感測器，並且可以指揮武器的發射，是國軍在空戰中取得先機的關鍵裝備。搭配最新購得的AIM－9X響尾蛇飛彈，發揮離軸攻擊的優勢，讓作戰運用更具備靈活性。性能提升之後的F－16戰力將更為全面，包括具備敵防空網壓制能力。

第一架完成改裝試飛的 F-16V 原型機。（Lockheed Martin）

台灣引領了各國F－16更新潮

台灣的F－16V升級案，不但為國軍的戰力提升帶來了助力，奠定了新一代F－16戰機的戰力與配備基準，而且還開啟了全球F－16戰機升級案的先河，引領了新一輪F－16提升計畫以及開發新一批次F－16C／D批次70的能量。這些都是在當初折衷接受升級案而不是新購案的台灣所始料未及的發展。如今，當時躊躇不前、不置可否的美國空軍，最後決定為國民兵的六○○餘架F－16全數提升至V構型的戰力等級，顯見台灣當時的拍版定案是決定性的影響。

未來新購入的六十六架新造F－16C／D批次70交機之後，空軍的戰力將會是有史以來最堅強的時刻。

F-16V 的千里眼，裝備新雷達罩內的 SABR 雷達。（Northrop Grumman）

公認最美彩繪 F-16 戰機 在台灣

機號 6677 的 F-16A 馬拉道彩繪塗裝，被公認爲是最美的彩繪機。

世界各國空軍都有彩繪機的傳統，台灣得此殊榮，始料未及

美國洛克希德馬丁公司所公認，全球最美的F－16彩繪戰機，來自台灣的花蓮基地。這架兼顧地方文化與特色的彩繪設計，不但獲得部隊官兵的認同，還是地方民眾驕傲的表徵，「馬拉道」太陽神圖騰代表的不只是花蓮這個地方的特色，更是基地與地方攜手合作，建立最佳全民國防的典範。

這個引起國內外關注的塗裝是怎麼出現的呢？它因此開啟了日後國軍設計彩繪機的歷史與習慣，是空軍與民眾拉近距離的最佳管道之一。

由於「精實案」組織扁平化的緣故，空軍將大隊、中隊編制裁撤，成立作戰隊。２００４年10月31日，駐花蓮基地的五大隊，在軍樂聲及眾人的注目下緩緩降下了隊旗，原有的五大隊「飛虎」隊徽也隨之走入歷史。當時，因為國軍在美麗的東海岸邊基地日夜操練，為寧靜的花蓮帶來了一些生活上的不便與民怨，時任四〇一聯隊長潘恭孝少將因此苦惱不已，加上這時新單位需要有新塗裝，聯隊長頓時靈光一現，想到了一個好辦法。

潘恭孝詢問了當時新城鄉長何禮臺先生，當地原住民是否有傳統圖騰能夠做為參考？一方面可作為組織更迭後新氣象的開展象徵，另一方面也達到敦親睦鄰的意義。何鄉長將阿美族人信仰的「馬拉道」太陽神圖騰提供給了空軍進行設計。

最後是由一位照技隊義務役士兵簡單大方的彩色版、灰階版兩個方案而獲得青睞，同好通常稱為「紅太陽」及「黑太陽」。除太陽神圖騰外，擁有美術天分的潘恭孝也在減速傘艙兩側加畫上下兩排各28個

「馬拉道」太陽神

馬拉道（Malataw）是原住民阿美族戰神與獵神的象徵，當青年們在競技、狩獵，或是男子孤行遇見危機時，都會呼喊祂的名字來保佑自身安全。族人在出征前夕必虔誠祭拜，庇佑勇士全勝而歸。同時阿美族也篤信馬拉道爲天地造化自然之神，創造五穀、掌管一切事務的生死福禍，每年7、8月份收割後，豐年祭前族人都會感謝馬拉道的恩賜與庇佑。

低視度的馬拉道塗裝。雖然不比彩色版醒目，但依然是話題性十足的塗裝。

「環環相扣」圖騰，象徵阿美族傳統祭儀時人們手牽手跳舞的意象。這個出自聯隊長的設計巧思，總數剛好是56環，剛好也代表了潘恭孝畢業的空軍官校56期的含意。

設計完成了，但要把塗裝漆上飛機還是有一番波折。空軍內部有意見認為飛機彩繪不宜過於明顯，戰時容易被敵軍發現。潘恭孝則據理力爭，認為現今已是視距外空戰為主，飛機塗裝對在空目視並不影響，且地方民怨已久，塗裝有利於全民國防。最後獲得司令劉貴立上將首肯，「馬拉道」才得以順利噴上F－16尾翼。參謀總長李天羽上將也對塗裝讚譽有加，後來還獲得洛馬公司評為「全球最美的F－16塗裝」。

F－16A／B機隊裡最早的紅太陽只有一架，也就是雙座６８３０號聯隊長座機，其餘都是低視度黑太陽。另外第12偵照隊所屬F－５F戰鬥教練機則有一架編號５４０１噴上紅太陽（該機不幸於２０１１年9月16日失事）。後期聯隊再同意將雙座６８１８、６８２２、６８２６三架作戰隊長（17、26、27作戰隊）機也全部改為紅太陽，但因塗裝維護不易，因此在不久後也全數改回低視度的灰階塗裝。

其他沒有採用馬拉道塗裝的 F-16 戰機，從這裡就可以快速區分這些飛機的所屬單位。

差點消失的「大紅」與6677「小紅」出現

2014年「華美飛虎年會暨華美混合團空襲新竹七十週年」紀念活動在花蓮基地盛大舉行，大坪上展示兩架F-16A／B戰機，尾翼噴上中美混合團隊徽。而首度以紅太陽塗裝現身、編號6677的單座F-16A戰機引起同好們的注意，紛紛表示希望能保留此難得的彩繪塗裝。

而為何同好們如此振奮？其原因可從2009年國防部一道命令說起。

當時國防部高層認為，戰機採用迷彩塗裝可在空戰中不易被敵機發現，所以下令所有戰機皆改採低視度塗裝，也就是將現有彩色部分（國徽、隊徽等）全部改噴為空優灰色。首當其衝就是廣為人知的F-16「馬拉道」塗裝，消息一出引發地方人士、同好的強烈抗議，阿美族人甚至認為紅太陽圖騰改噴黑色會招來厄運。後來國防部敵不過眾人壓力，默許了這架彩繪機的存在，讓「馬拉道」彩繪

勇鷹高級教練機，作爲台灣新一代的訓練平台，它的塗裝當然也不能馬虎。全身以國旗的紅藍白爲基調，襯托出飛機線條的優美。

八一四空戰 80 週年紀念塗裝，上面是抗戰時期的霍克 III 以及 F-16 的剪影，是國內著名的戰機彩繪設計師許良敢的設計。四大隊的隊徽則畫在阻力傘傘艙上。

機得以保存。

2017年適逢八一四空戰勝利八十週年，同時F-16、幻象2000-5接機二十週年，F-CK-1經國號戰機服役二十五週年，空軍飛行員出身的國防部長馮世寬下令各戰鬥機聯隊推出彩繪機，「馬拉道」也迎來了最全盛時期，共計有6677、6818、6820、6823、6824、6826、6830七架噴成彩繪機，後續皆在當年底噴回原先低視度空優色。

隨著「鳳展計劃」F-16AM/BM升級案的進行，保留紅太陽彩繪塗裝的雙座6830號機進廠構改，而單座6677則在2018年噴回低視度塗裝（2021年也已進廠構改），改裝後的F-16AM/BM戰機雖有一架單座6681號機噴回黑太陽塗裝，但因彩繪漆料對匿蹤塗層造成的影響，目前花蓮基地暫時還無法再見漂亮的「馬拉道」紅太陽。

海外「留學生」回來了！

台灣長期在美國的F-16A/B

爲改裝踏上跨太平洋歸國路

長途跋涉的「留學生」歷經千辛萬苦，回家了！從尾翼貼紙的機號，以及有塗銷的痕跡，不難辨識出他們原本的來歷。「6669」原本在美國的機號是93-0770。

自從「鳳凰計畫」開始以來，台灣就有一批F-16戰機留在美國，作爲國軍飛行員的訓練用機。在亞利桑那州寬廣的訓練空域，與來自美國的教官們一起切磋以及精進戰技，甚至有機會與

21 中隊的彩繪機，雖然無法以「眞身」示人，但是有了這種醒目的彩繪，台灣的 F-16 反而有了更引人注目的代表。（Julian Shen）

其他有類似訓練計畫的F-16使用國空軍做最直接的交流。

相較於其他國家F-16的「留學生」，台灣的軍機不能保有自己的塗裝，必須以美軍的一分子出現在路克基地（Luke Air Base），也因此軍機都要塗上與美國空軍相同的塗裝，並且成立外號「賭徒」（Gamblers）的第21中隊長駐路克基地。

隨著F-16V的升級案持續進行，那些久久未「畢業」的「留學生」，也是時候要回國，與完成升級的F-16交接，回去美國繼續新機型的訓練。美軍的計畫是要將21中隊轉移到土桑，揮別了這個自抗戰時期，空軍就很熟悉的路克基地。

返國的「留學生」通過夏威夷，在太平洋上進行多次的空中加油之後，才返抵國門。因爲在美國期間都是採用美軍的塗裝，所以回國的飛機在離開路克時，包括美國空軍教育訓練司令部徽、21中隊徽要事先塗銷，一抵達夏威夷後，美國軍機5碼機號塗銷，改以國軍的4碼機號，並且換上青天白日軍徽，然後踏上返國的最後一段約10小時的航程。

空中加油孔

位於機背中間的空中加油孔，使航程短的戰鬥機不落地加油而能持續飛行。台灣雖然沒有空中加油機，而 F-16 是二代機中唯一有空中加油功能的戰機，每一次的越洋往返美國與台灣，F-16 都可以用到這個裝置。

垂直尾翼的單位識別

垂直尾翼是 F-16 最能表現戰機所屬單位的空間。最上面 455TFW 代表是空軍改制之前的 455 戰術戰鬥機聯隊的英文縮寫，現在改稱四聯隊，中間的圓徽就是現在的四聯隊隊徽，ROCAF 是中華民國空軍的英文縮寫。6805 是這架飛機的機號。

阻力傘傘艙

台灣的 F-16 在購買當時特別要求廠商加裝可以容納阻力傘的傘艙，位置就在垂直尾翼下方與噴射引擎噴嘴之間的突出部。阻力傘可增加飛機減速效能，由於使用效果優異，許多使用國紛紛跟進。

主翼端發射架

F-16 可以掛載多種飛彈，這個位置是專門保留給空對空飛彈。圖中就是 AIM-9 空對空訓練彈。另外，戰機演習專用的飛彈型莢艙，中科院自製的 ACTIS 空戰即時演訓系統也是掛載在這個位置。

雷達罩

雷達罩內的雷達是具備對空搜索、追蹤、武器導控、電子作戰及通訊等多重功能的關鍵裝備。換裝新雷達之後，F-16V 也用了跟機身同色的雷達罩。

IFF 敵我識別天線

台灣 F-16 的 IFF 敵我識別天線，是位在座艙罩前方，4 片刀片狀的天線，過去這個是用來辨識國軍 F-16 的其中一個特徵，但現在已經多國的 F-16 也採用類似的天線。

台灣 F-16 戰鬥機細部分析

F-16的特徵

作爲台灣數量最多，任務也最繁重的戰鬥機，就以美國製造的 F-16 戰鬥機莫屬。一架戰鬥機有許多細節，作爲入門的戰機欣賞同好，多了解這些細節以後，觀賞飛機就不單單從飛機的帥氣外表爲出發點，日後就可以有更多觀察的樂趣。本書從一些基本入門有趣的細節爲各位說明，雖然這不一定都可以套用在所有的戰鬥機上面，但幾乎所有的 F-16 都適合用這一專欄的說明。

21 中隊隊徽

國軍外號「賭徒」中隊的 21 中隊隊徽，噴塗在進氣口後、鼻機艙上方，這是一張梅花 K 及紅心 A 士撲克牌，合起來正好是 21 點，也代表了該中隊的番號。

20mm 機砲

F-16搭配M61A1的20mm火神式機砲，跟螺旋槳式戰機安裝在機翼前端不同，現代戰機的機砲裝備在機身的較多。雖然現代空戰以飛彈對戰爲主，但機砲作爲空中纏鬥的最後手段，有機砲的戰鬥機，就多了一份取勝的機會。(Needsmoreritalin)

今年雙十國慶關注度十足的老飛鷹——F-5E/F「虎 II 式」戰鬥機即將跟我們說再見！培養了多少的「捍衛戰士」，訓練了多少的年輕飛官，F-5E/F 是公認的冷戰世代的世界傑作機。在台灣周邊國家，南韓、南越、菲律賓、泰國、馬來西亞、新加坡都曾或至今依然是 F-5 的使用者。這款代表了民主國家的戰機，憑藉它的優異性能、設計簡單、維護容易、多元功能而深得各國空軍的喜歡。經過這次的空中分列式，F-5E/F 的時代即將降下布幕，留給後世的，將會是它們的故事與傳奇。

Bye bye！老虎！

111年雙十分列式亮點 F-5E/F戰鬥機

走入畢業階段的藍天戰士

鼻子不是長歪了！
低調的RF-5E虎瞰偵照機

從現在數量已經不多的 F-5E，依然有一批外型跟其他的老虎戰機看起來，就是有說不出那裡怪的樣子。這些奇怪的老虎戰機，是專門負責空中戰術偵照的飛機，型號是 RF-5E。前面的 R 就顯露出，這是一架偵照機。空軍挑選了 7 架 F-5E 送到新加坡執行改裝，並且給了一個很棒的計畫名稱，稱為「虎瞰計畫」，而現在負責開這批 RF-5E 的第十二戰術偵察機隊，剛好名稱也是虎瞰中隊。

RF-5E 是要把機鼻內的雷達還有一門機砲拆掉，然後延長機鼻的長度，好安裝可以用來做垂直或傾斜偵照方式收集情報的中、低空光學相機。改裝的 RF-5E 在機鼻前方，開了一個六角視窗，在機鼻和前輪之間再開了一個向下俯視的左右對稱視窗，把原本平整的機身，造成像是張開了嘴巴的鯊魚。由於 RF-5E 偵察機性能限制，僅擔負中、低空層的偵照任務，而且必須在我方具有制空權的區域內執行。它們還是使用底片相機，在效率上當然不會比數位式相機來得快，但照片的效果不會比數位化來得差。

RF-5E 與衆不同的機鼻造型，這個改裝過後的空間所容納的偵照裝備，幫助台灣在 1990 年代至 2000 年一段不短的時間作爲空中情報收集的最佳載台。

F-5E/F服役的最後時光

「照明虎」與「火箭虎」的最後活躍

5396 機擔任「火箭虎」的任務，掛載 LAU-51 火箭莢艙，是少數 F-5E/F 還在執行的實彈任務。

在F-5E/F服役的最後時光，除了基本的部訓任務外，其實還擔負著部份實彈射擊科目。目前常看見的掛載有LAU-51十九聯裝火箭莢艙、SUU-20訓練彈莢艙以及SUU-25照明彈發射筒。因為是平常不容易見到的掛載構型，因此航迷們也把握這種「拍一次少一次」的拍攝機會。

LAU-51火箭莢艙、SUU-20訓練彈莢艙主要是與機載M39A3機砲射擊科目作搭配，LAU-51火箭莢艙內裝19枚2.75吋空射火箭彈，目標多半是海上浮靶，用以模擬對敵船團射擊。SUU-20主要是掛載6枚BDU-20 25磅訓練彈，同樣是模擬對地／對船團轟炸。由於是較具危險性的實彈科目，近年普遍都是以雙座機進行（少部分單座），教官於前座操作，學官則在後座同乘觀摩。

而另一種還能見到的掛載，則是SUU-25照明彈發射筒（Flare Dispenser）。以往掛載這種莢艙的時機有紅外線飛彈追瞄練習、夜炸照明、空對空實彈射擊靶標等科目，現階段由於任務轉移，只剩下配合主力戰機的空對空實彈射擊任務。但舉凡這種任務還是少不了「照明虎」的角色，近期甫結束的「漢光38號海空聯合截擊操演」即可見其英姿。

簡單介紹SUU-25照明彈發射筒搭配空對空實彈射擊時的任務模式。一具發射筒內裝有8枚LUU-2D／B照明彈（左右2具最多可裝載16枚），掛載發射筒的F-

掛載 SUU-25 照明彈發射筒以及空戰即時顯示莢艙的 F-5F，執行空戰模擬射擊科目操演。

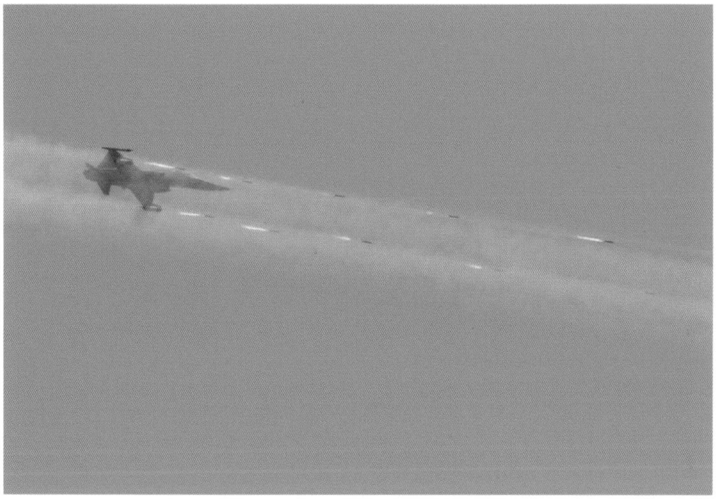

F-5 在操演期間，對地面目標發射火箭彈的瞬間。（國防部）

在機坪整備中的照明虎，左右機翼下都已經掛載好 SUU-25 照明彈發射筒。

5F目標機起飛後前往空域，與擔任射擊機的主力戰機以兩千呎安全高度差接近，到達一定距離時，F-5F投出照明彈後直線脫離。投出的照明彈尾部會拉出小型降落傘以減緩落下速度，當兩機對頭通過後射擊機即鎖定照明彈進行射擊程序，而F-5F為確保自身安全，也會攜掛火焰彈與干擾絲以防萬一。

由於F-5E/F即將除役，據悉空軍已開始研究讓F-CK-1經國號戰機接手掛載SUU-25的可能性，但目前尚未有明確答案，因此短期內台灣的天空應還能見到這種F-5E/F僅存的掛載構型。

MK.16J Ejection Seat for F-5E/F

保障飛官安全 F-5「零零」新型彈射椅入列

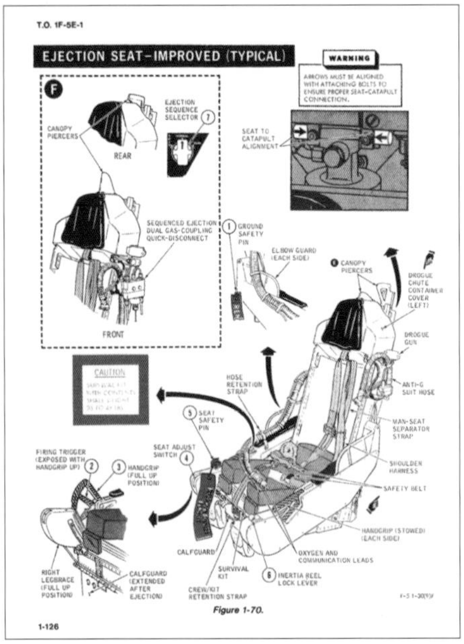

舊款彈射椅的原廠圖解，在當時也是先進的裝備，但經過了多年沒有升級改裝的情況下，已經不符合現代飛機的需求了。

換上了英國馬丁貝克公司的新型 MK.16J 彈射椅的 F-5E，讓飛行員多了一層保障。可以從彈射座椅側面多了一張標示 DANGER「危險」的警告標語，知道這是 MK.16J。

原本安裝在 F-5E/F 上的舊型諾廠彈射椅，從本圖可以清楚看到，位於座椅上方的紅色突出物，是用來彈射時凸穿艙罩用的。可以區別新舊款的彈射椅。

一架戰鬥機最重要的保命裝備，無疑是可以把對方擊落的武器彈藥。但萬一不幸，飛機故障或遭受到攻擊而必須跳傘時，快速讓飛行員脫離危險機體的彈射椅是不可或缺的存在。簡單來說，彈射椅是一個加裝了火箭，一旦啟動，可以快速脫離、張傘的自動化救命裝置。新一代的「零—零」彈射椅，更是現在新出廠的戰鬥機的標準配備，有了這類新進的保命裝備，耗費大筆預算培養的飛官生命安全，才能有更進一步的保障。

2020年10月29日，空軍七聯隊上尉飛行員朱冠甍（追晉中校），駕駛機號5261的F-5E戰機執行訓練任務編隊起飛時，左發動機故障失去動力，他為了搶救飛機錯過可安全彈射跳傘時機因而傷重殉職。這次事故使得服役已久的F-5E／F老舊問題被再次提起，其中包括彈射椅更是人們關注的焦點所在。

空軍除持續進行T-BE5A勇鷹高教機飛測、量產，以維持部訓機隊的訓練能量之外，還另外編列6億預算，將持續為空軍訓練飛官的十六架F-5E和二十七架F-5F機隊，換裝英國著名彈射椅廠商馬丁貝克（Martin-Baker Aircraft Co.）新型的Mk.16J彈射椅，取代諾斯洛普公司自行發展的彈射座椅。

馬丁貝克根據過去的經驗，研發出可以在低高度—低空速情況下使用的彈射椅。安裝在F-5E／F的Mk.16J彈射椅就是解決以上狀況的「零—零彈射椅」。Mk.16J裝備了小火箭，能在「零」高度、「零」速度情況下彈射，裡頭的斗型傘，在飛行員驚魂未定之際瞬間張開，能幫助減緩速度，避免纏繞跟激烈撞擊，是寶貴空勤人員的保命椅。

2021年11月底，首具Mk.16J彈射椅在馬丁貝克原廠與漢翔公司人員協力下完成裝機並開始地面測試，同時對飛行員實施緊急程序訓練。首架完成改裝的是機號5267的F-5E，在2022年1月總統蔡英文視導七聯隊時公開亮相，由曾經在飛官訓練紀錄片中亮相的鍾澥儀少校擔任說明官，向總統簡報彈射椅性能與逃生程序。

完成各項地面測試與飛行員程序訓練後，5267號機於3月6日在台東志航基地執行首次試飛，由七聯隊首席試飛官45中隊副隊長郭勳騰中校執行，七聯隊也同時派遣編號5399的雙座F-5F擔任隨伴機。5267機於上午8時起飛，歷經近一小時的試飛後於8時57分落地。試飛科目並非實際彈射，而是執行例如高G轉彎、倒飛以及空戰動作，確認飛機承受巨大壓力下，新安裝的彈射椅與各項系統、機件是否正常。

之前空軍尚有40餘架F-5E／F機隊（包含花蓮基地12偵照隊的5架RF-5E與2架F-5F）共需裝設70具彈射椅，至少已有10架完成改裝作業，預計2022年底將全數完成，在T-BE5A勇鷹銜接上部訓機的過渡期能給飛行員們多一份安心。未來隨著F-5E／F的汰除，新型彈射椅還可以轉移到其他有需要的飛機上。

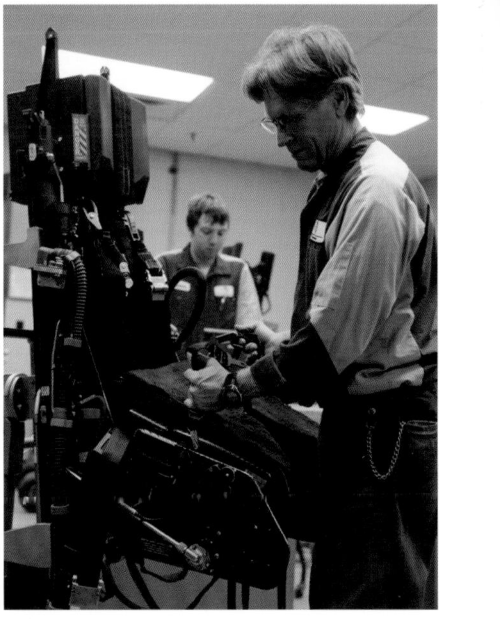

美國空軍 T-38 教練機的 Mk.16 彈射椅正在進行保養，美軍使用的座艙罩破壞物相較於國軍的 F-5 比較突出。（US DOD）

漢翔公司在外交部駐倫敦人員的見證下，2017 年 12 月與馬丁貝克簽訂專供國造「勇鷹」高級教練機採用的彈射椅。（外交部）

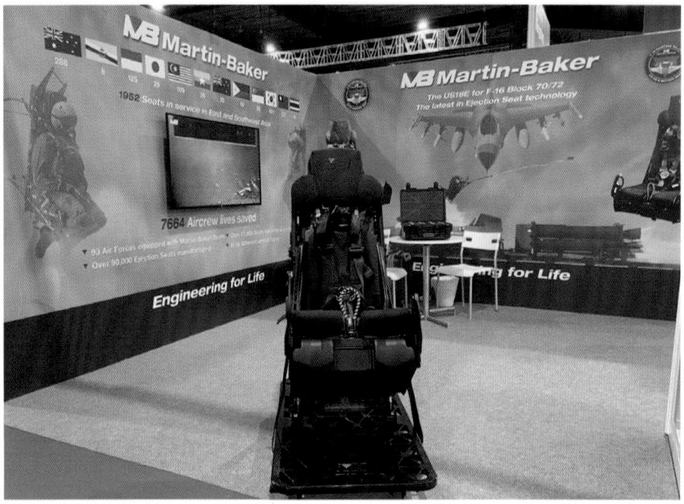

馬丁貝克在 2022 年新加坡航展展出可供新一代 F-16 Block 70/72 使用的 US18E 彈射椅，背後的看板，清楚展示我國國旗，並寫著台灣已經採購 327 具該廠的彈射椅。

Martin-Baker Aircraft Co.

馬丁貝克對飛行員如菩薩般存在

彈射座椅救苦救難 近 8000 人次

（圖：Martin Baker）

廠商在社群軟體公布的第 7671 位因馬丁貝克彈射椅而存活的飛行員，正是我國幻象 2000 的飛官中校黃重凱。

第一號「彈射人」蘭克斯特（站立者，Jo Lancaster）成功彈射後幾年，與馬丁貝克的研發負責人林奇（Benny Lynch，也是第一個實際進行彈射實驗的飛行員）在實驗用裝備旁合影。

馬丁貝克為 F-35 戰鬥機的彈射椅進行地面性能測試的連續照片。

「彈射人」都可以訂購一隻專屬的布瑞蒙機械錶，這錶可以承受彈射時所產生的高G重力，錶盤背面會刻上飛行員的呼號，事發日期等資訊。

「轟隆」一聲，飛行員在啟動了彈射機關之後，駕駛艙裡的座椅，瞬間從椅子變成逃生工具，從座椅彈射、座艙罩彈開（或向外炸開）、人椅分離、降落傘開啟等程序全都自動完成。在彈射的當下，飛行員承受著12至30G的重力加速，為的就是把危險的處境解除，將耗費多年訓練的飛行員脫離險境，準備日後再投入任務。

研發出這麼重要，但平時卻不見得用得到的救命裝備的，不是別人，正是國際知名的馬丁貝克公司。

成立於1934年，原本是研發飛機的馬丁貝克公司，從來沒有獲得任何飛機量產的訂單。其中一位合夥創辦人華倫泰・貝克上尉（Captain Valentine Baker）甚至在1942年的一次新機試飛當中發生意外身亡。詹姆士・馬丁（James Martin）繼續在航空產業發展，為英國的噴火式生產裝甲保護座椅，之後1944年英國政府提出要求研發高速飛機上使用的彈射座椅，馬丁貝克公司從此走上了另一個截然不同但卻關鍵的一步。

第一款彈射座椅在1946年7月24日測試成功，很快在1949年5月30日派上用場。一個為A.W.52實驗機進行試飛任務的皇家空軍飛行員，成功從這架外型類似於美國B－2轟炸機的全翼機彈射成功。如今馬丁貝克已經交付近7萬張彈射椅給全球的空軍，至今為止，包括中華民國空軍飛行員在內，已經拯救了7681人次，功不可沒。

彈射成功的飛行員，都會獲得廠商辦證的證書與紀念品，受邀加入由創辦人馬丁爵士成立的「彈射俱樂部」（Ejection Tie Club），成為「彈射人」（Ejectee）。「彈射人」可以透過原廠的認證證書，向英國機械錶品牌布瑞蒙（Bremont）購買專屬的手錶，為劫難歸來的「彈射人」留下永生難忘的紀念品。這是一款可以經受彈射逃生高G重力的手錶，布瑞蒙在倫敦市中心的旗艦店門口，甚至還展示了一張馬丁貝克的彈射座椅。

彈射跳傘固然提升了飛行員的存活率，這個最好備而不用的裝備，除了彈射座椅本身的性能之外，要在怎樣的飛行高度、速度，以及姿態彈射也是關鍵之一。彈射椅並非是萬能的喔！有了零高度、零速度、自動開傘的突破性性能之後，戰鬥機飛行員的風險再往下修正。

「彈射人」紀念臂章，徽章以彈射拉環的黑黃相間作主體設計，中間採用平時寫有「彈射椅危險」的紅色倒三角警示章，當中有一個被彈射的飛行員，上方寫了廠商的名字，兩旁則標註「彈射人」的字樣。

廠商特殊的紀念品，以縮小版的黑黃相間彈射拉環作為主體設計的鑰匙圈。

馬拉道太陽神的 F-5F，這是 F-5 機隊與 F-16 很類似的塗裝。

銀色「匪空優」F-5 戰機，相較於一般的塗裝是把機號塗在機身的軍徽後方，假想敵機是在機號及「中正」兩字的位置對調。

F-5 不同世代的塗裝，從成軍初期即可見到的東南亞迷彩，以及新一代的虎斑彩繪機，這個塗裝是源自於 F-5E 的性能升級計畫 Tiger 2000 的塗裝。

最具特色戰機塗裝在台東
F-5虎式的鮮豔迷彩

空軍司令熊厚基上將，坐進雙座的 5403 虎班彩繪機。F-5 機隊執行天安特檢後，司令以同乘的方式，展示 F-5 機隊的安全。

一般塗裝的 F-5 戰鬥機，這種貌似鯊魚紋的空優塗裝是台灣自製飛機的特色，類似的塗裝在 F-CK-1 上面也可以看到。

東南亞迷彩的 F-5F，這樣的迷彩塗裝在台灣的各款戰機來說是非常罕有的存在，未來就無緣再見了。

F－5E／F虎II式戰鬥機，是台灣目前服役時間最久的戰鬥機。除了擁有各種二代機所少見的機鼻機砲之外，另一個最引人注目的，就是F－5使用了各種不同目的的塗裝甚至迷彩。這樣的安排，使得F－5成為台東志航基地一道美麗的風景，同時也為這款步入暮年之路的戰機留下不可取代的光輝歷史。

隸屬於台東志航基地，第四十六中隊（假想敵）與其所屬F－5E／F戰機的東南亞叢林迷彩、銀色塗裝最容易吸引同好們的目光。這些別具風格的塗裝，如今在國軍的其他機隊都沒再看過，為何出現在F－5身上呢？國軍在六〇年代開始引進ACMI空戰訓練儀，同時成立「戰術訓練中心」以及四十六中隊，當時的主力戰機之一的F－5E，就在全盛時期擔負假想敵訓練的任務，用來模擬中共主力米格21／殲七戰機，以此來研擬各項戰術戰法。為了讓參與模擬空戰的飛行員更能投入在其中，負責假想敵中隊任務的戰機因此全數噴成模擬中共殲擊機的全銀色「匪空優」與叢林迷彩「匪地優」塗裝，然後在尾翼上漆有第四十六中隊徽。同時機號也比照共軍的做法，使用顯眼的紅漆塗上機號及機尾序號。因此，這些飛機跟國軍一般任務的飛機擺在一起的時候，會顯得與眾不同。

歲月更迭，戰術訓練中心與ACMI已於二〇一二年裁撤走入歷史，假想敵任務交接給使用F－16AM／BM的第十七作戰隊，但志航基地部分F－5E仍保有此特別的塗裝。銀色「匪空優」目前僅有一架，為雙座5396號機。「匪地優」則有三架，分別為單座5272，雙座5377、5416，其中5416已換裝Mk.16J新式彈射椅，也是第二架裝設新座椅的F－5。

二〇一八年初志航基地籌辦開放，F－5戰機飛行員出身的前部長馮世寬（任期至當年二月底）批示設計彩繪戰機，空軍聘請許良啟先生為F－5E／F設計全新的虎斑迷彩，一共有單座5291、雙座5395、5403三架，並於開放前發表該塗裝，獲得同好與參觀民眾的好評。前空軍司令熊厚基在二〇二〇年十一月十四日主持F－5F戰機復飛同乘時，基地也挑選了5403虎斑彩繪機上場，後來在後座艙罩隔框上噴有象徵空軍上將的三顆銀星以做紀念。

機鼻與雷達（US Navy）

灰色、較爲扁平狀，俗稱「鯊魚頭」的機鼻雷達罩，可增進 F-5 高攻角飛行時的側向穩定性。裡面的輕型雷達，增加了雷達搜索角度、對空搜索距離。除了對空之外，還具備了對地轟炸的能力。

機砲

F-5E 是有兩門安裝在駕駛艙前方的機砲，F-5F 保留了一門安裝在左側的機砲，至少在跟敵機纏鬥時，F-5F 還有多一種選擇。

雙座駕駛艙

F-5F 的雙座駕駛艙，是國軍飛行員的培訓搖籃。完成空軍官校的訓練後，戰鬥組會來到志航進行下一步的課程。他們學的是所有戰鬥機飛行員的基本功，風險與壓力自然也會很大。

台灣 F-5 戰鬥機的細部分析

F-5F的特徵

F-5 戰鬥機是第一款台灣獲得授權在本地生產組裝的戰鬥機，曾經是全球 F-5 戰機系列的最大使用者。F-5 的一些細節與二代戰機不同。

F-5E/F 戰機都聚集在台東的志航基地，許多同好都稱台東基地是「老虎窩」，因爲那裡有許多的「老虎」出沒。F-5E/F 戰機作爲空軍重要的部訓機，他們的任務不會比在一線巡邏的戰鬥機來得輕鬆。操作 F-5 的部隊，他們的重責大任，是要爲空軍未來的頂尖飛行部隊，培育新一代的飛行員。當今的 F-5 戰機，是實實在在的「沒有功勞，也有苦勞」。

以後你看到這架飛機還在天上飛的時候，說不定駕駛座內抓住操縱桿的，就是正邁向飛行夢想的飛官，他們的刻苦辛勞是伴隨著 F-5E/F 戰機一起走來的。未來，F-5 的部訓機任務將由漢翔製造的 T-5「勇鷹式」高級教練機所取代，以後「老虎窩」也將會變成是「鷹巢」。

機號與假想敵機

編號 5396 的空優塗裝 F-5F，從機鼻大字編號看出，原本是採用假想敵塗裝。機尾保留過去 46 中隊隊徽。目前本機已經恢復銀色匪優塗裝。美國海軍的假想敵機也採用類似的鮮紅編號方式。

主翼端發射架

這是難得沒有掛載飛彈的 F-5 主翼端發射架，主要武器配備是 AIM-9 響尾蛇飛彈。機翼下以及機腹還可以掛載武器。

捕捉勾

不是艦載機型的 F-5，卻在機腹靠近發動機噴嘴的地方，有一根黑白相間、尾端是勾子造形的捕捉勾。當飛機煞車不及，將衝出跑道時就會用到捕捉勾去勾住跑道盡頭的攔截鋼索。跟航空母艦的攔截索不同，機場只有在緊急狀況時才會用到這個裝備。

進氣口與發動機

F-5 的進氣口設置在駕駛艙左右兩邊，從正面看，左側的進氣口呈 D 字形，右側是相反。J85-GE-21 型渦輪噴射發動機，加強了引擎推力，提高速度至 1.6 馬赫。J85 開發之初，是作爲巡弋飛彈的動力單元，未來它很可能會再被利用，作爲台灣巡弋飛彈的動力來源也說不定。

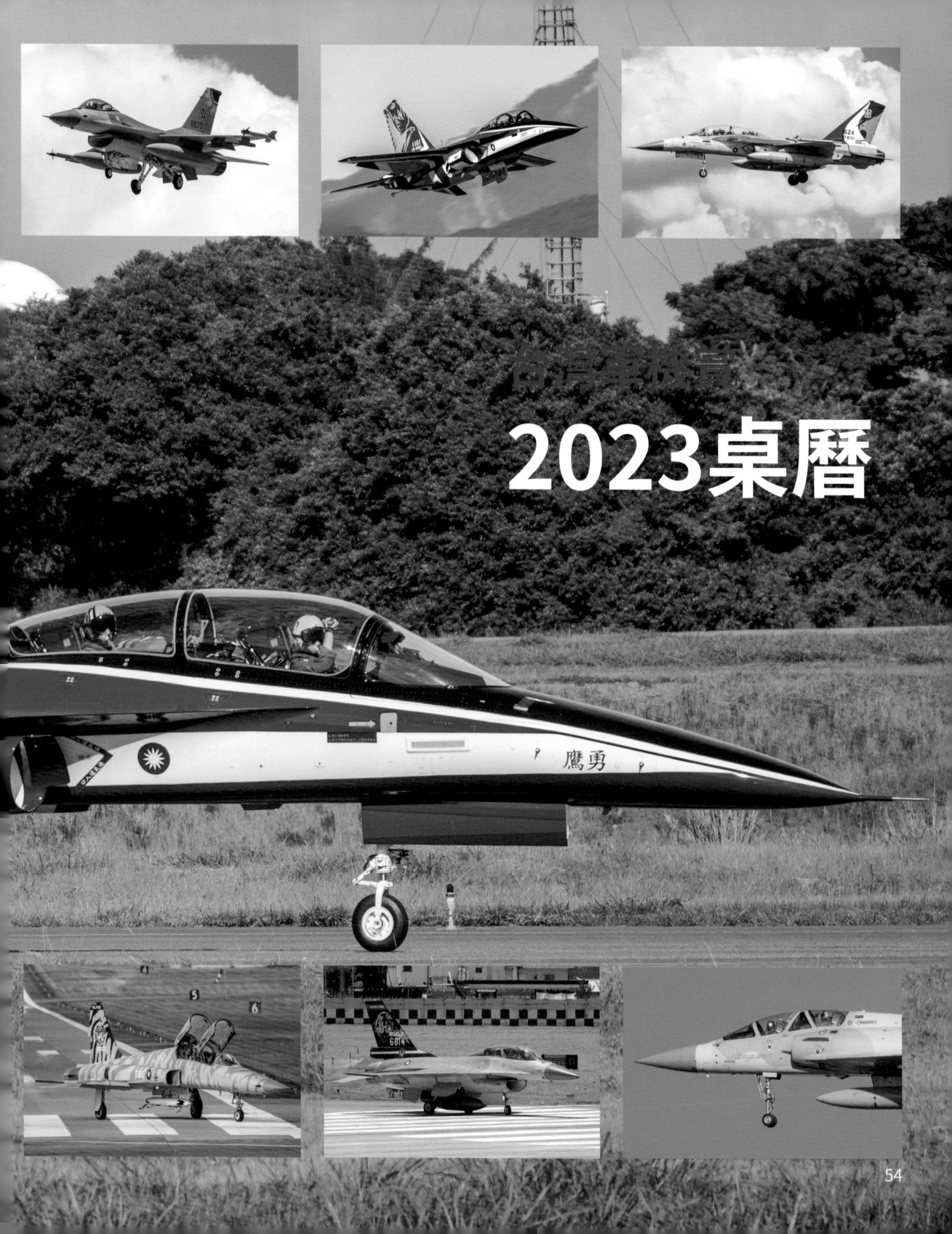
台灣軍機賞
2023桌曆
鷹勇

ROCAF
AJT
1106
11-9008

中華民國空軍第 4 戰術戰鬥機聯隊，嘉義空軍基地，F-16A 機號 6702

中華民國空軍第 5 戰術混合聯隊，花蓮空軍基地，F-16B 機號 6826

中華民國空軍戰鬥機示意圖

繪圖：林書豪

中華民國空軍第 2 戰術戰鬥機聯隊，新竹空軍基地，幻象 2000-5Di 雙座，機號 2057

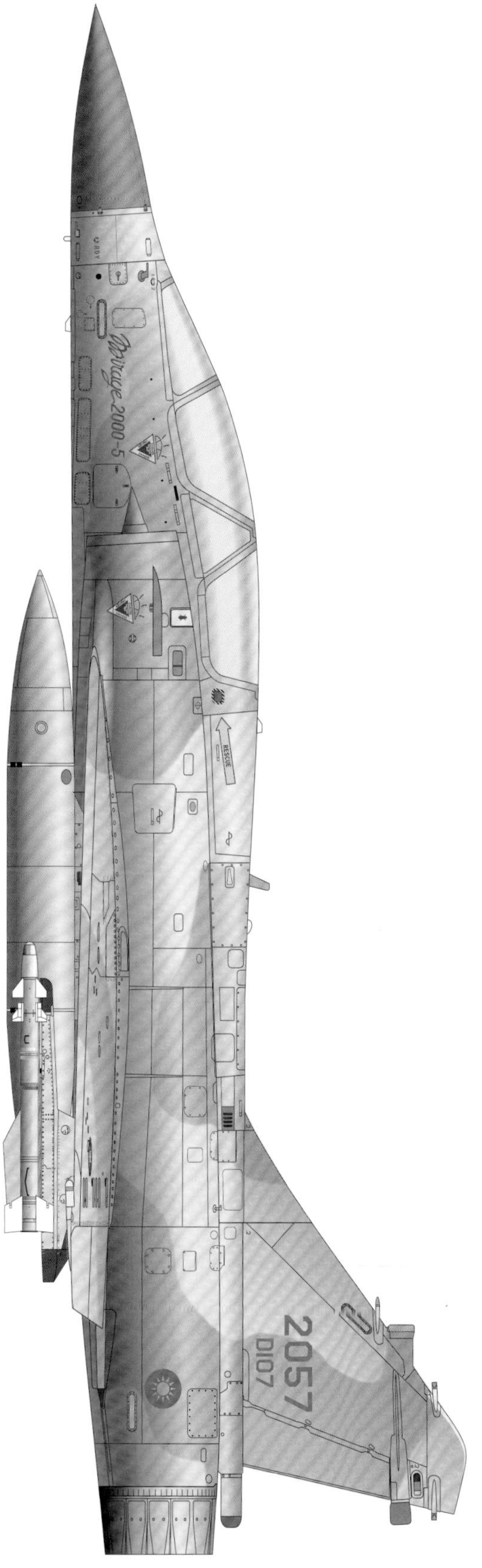

中華民國空軍第 2 戰術戰鬥機聯隊，新竹空軍基地，幻象 2000-5Ei 單座，機號 2003

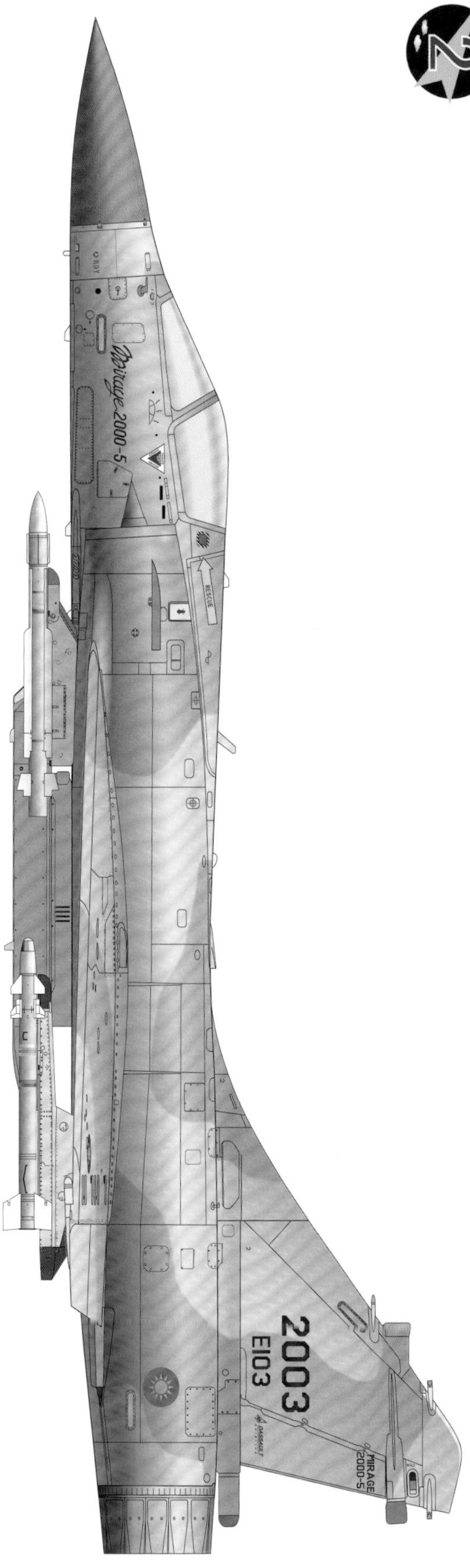

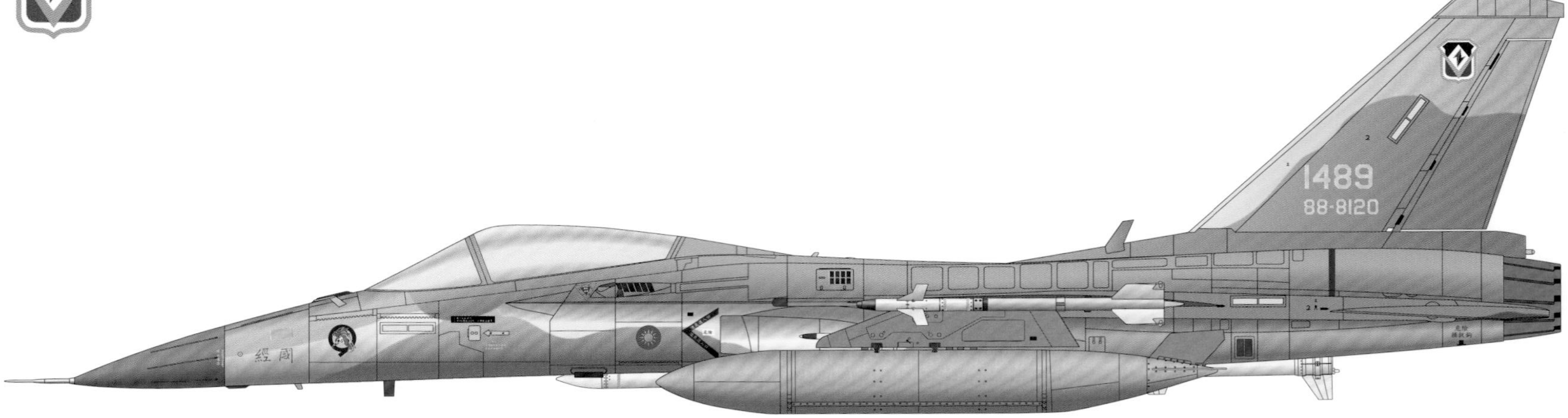

中華民國空軍第 1 戰術戰鬥機聯隊，台南空軍基地，F-CK-1A 機號 1489

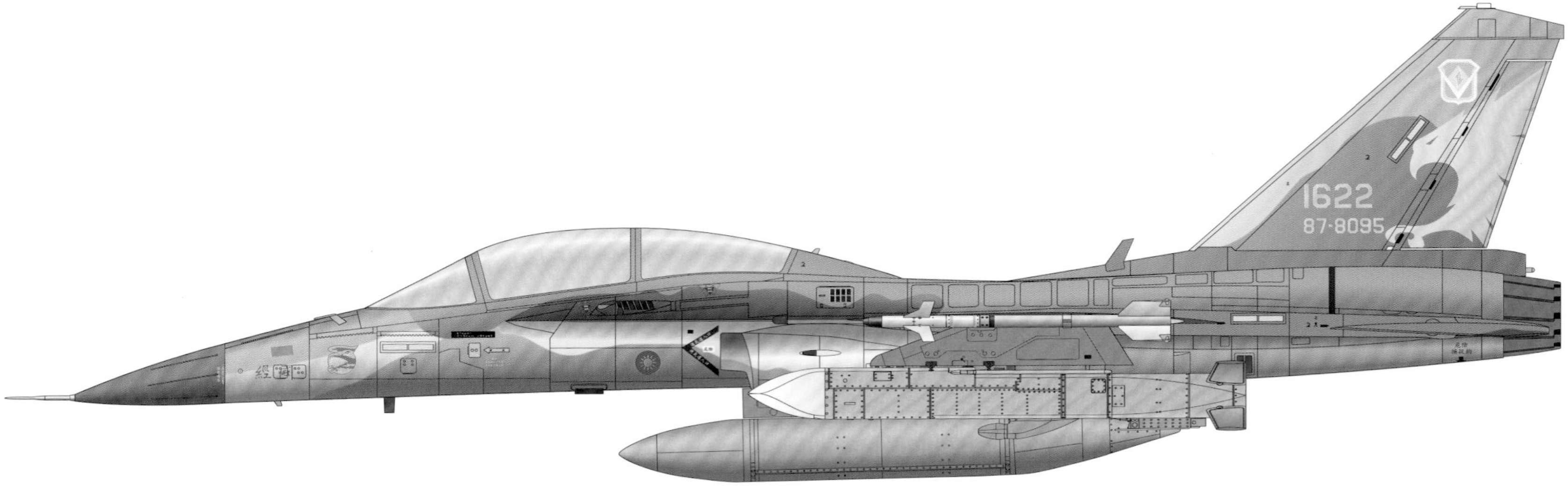

中華民國空軍第 1 戰術戰鬥機聯隊，台南、馬公空軍基地，F-CK-1D 機號 1622

中華民國空軍第 7 飛行訓練聯隊（舊 46 假想敵中隊），台東志航空軍基地，F-5F 機號 5396

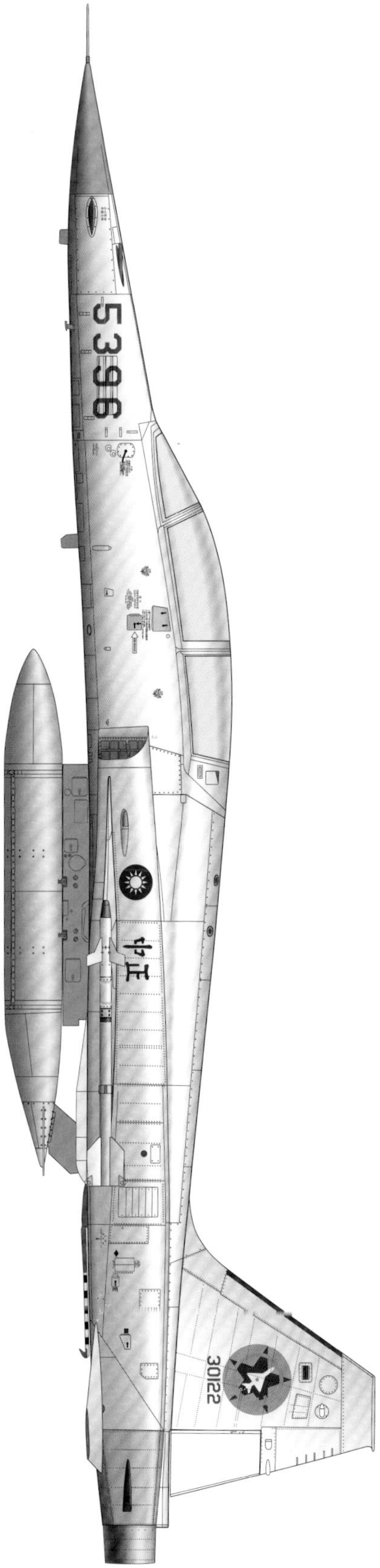

中華民國空軍第 7 飛行訓練聯隊，台東志航空軍基地，F-5E 機號 5267

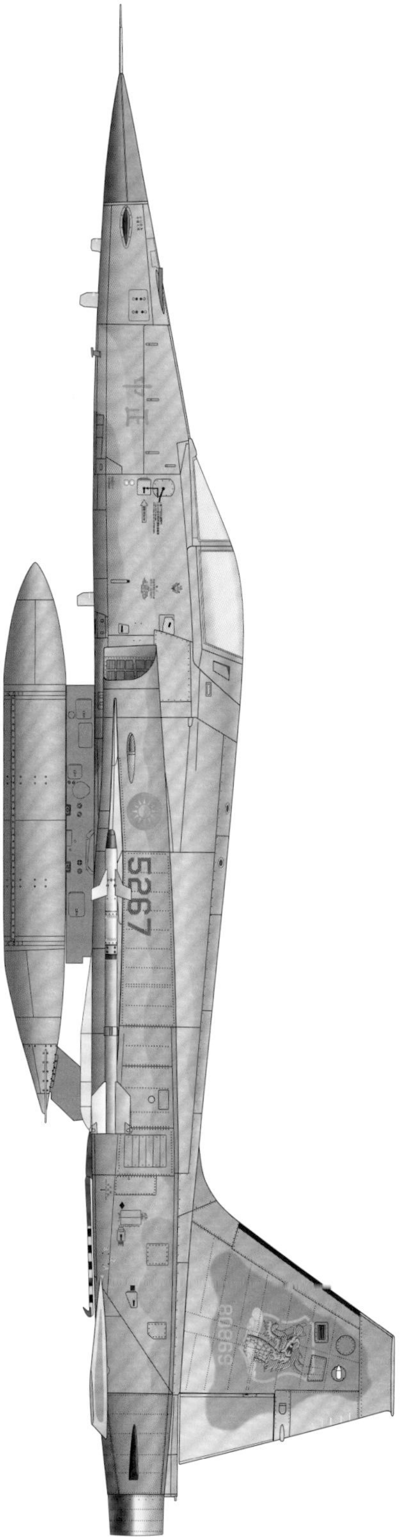

臂章同好成新趣
軍風時尚帶起另一股風潮

軍事臂章收集，是同好們接觸軍機欣賞的過程中，很容易延伸出來的喜好。隨著軍事時尚風近年來的興起，一般民眾對於臂章的興趣也越來越濃厚。台灣得益於紡織業的發達，廠商的創意和設計人員創作慾旺盛，很快形成一個人數不多，但堅實喜好收集臂章的社群。臂章的影響力，隨著阿湯哥「捍衛戰士」夾克的關注度更推向了過往不曾駐足在這一塊的愛好者，甚至是女性同好。

軍事臂章一開始以軍事單位的形式存在較多，但還有其他凸顯部隊特性、個人職務特點與風格的機型章、職務章、認證章、事件紀念章、演習任務章、部署紀念章等等絡繹不絕。近年台灣甚至出現一些疫苗紀念章、到訪紀念章等讓人會心一笑，但又不失紀念價值。通過電繡技術，設計更為細膩，要展現的內容更為多元，還能做出可愛、寫實、卡通等各種風格，各家爭奇鬥艷，讓收藏家要買都買不完。材質運用上，廠商引入如PVC軟膠材質，夜光材料等，可以發現設計者的求新求變的意圖。

現在網購方便，廠商在製作臂章的同時，貼心地為同好事先車上魔鬼氈，不管消費者是要張貼在夾克、背包、帽子，甚至是專用的展示掛布，都省去了自行繡縫的步驟，多少都降低了人們享受這項愛好的入門門檻。

三劑戰士認證

日本廠商發揮巧思，模仿日本陸上自衛隊的部隊臂章，設計成完成三劑疫苗注射的臂章。上方可自行挑選購買者的英文名字

鳳展計畫紀念

鳳展計畫公布不久，坊間開始出現這個以 F-16V 爲主圖設計的臂章。當中青天白日與五角白星，象徵台美合作促成這個案子

爲台灣爭取 F-35

民間出現爲台灣爭取 F-35 的臂章。以中華民國國旗爲基底，壓上 F-35 戰機的前視模樣，這個臂章的訴求再清楚不過了

美軍與 96 台海危機

1996 年台灣飛彈危機期間，美國海軍獨立號戰鬥群所屬船艦，在台灣周圍監控中共 M9 飛彈試射的任務紀念章。除了久違的國旗出現在美軍的臂章，還有飛彈的落點標示

大漠中隊紀念

大漠中隊使用 F-5E 及 F-5B 戰機，背景是中華民國、沙烏地阿拉伯，以及北葉門的國旗組成的圓環，下面秀出任務所在地沙那的地名

大漠特遣隊紀念

返台的大漠特遣隊官兵，目前大部分都已經退役，組成聯誼組織，所以製作了臂章紀念當年的歲月

戰備道起降成功紀念

2014 年 9 月 16 日，空軍在漢光 30 號演習，國道一號嘉義民雄段實施戰備道起降操演，本章秀了 4 款參與該次操演的空軍機型，還有跑道指向的 02

西太平洋部署紀念

相較於阿湯哥飛夾的四旗設計，後來的西太平洋部署紀念章的樣式有了更多的變化。2003 年星座號最後一次的西太部署紀念就有了更多不同的元素。飄揚的國旗作爲基底，走向夕陽的星座號，多了一點哀愁與感傷

台灣巡邏艦隊

年代久遠的單位章。中美協防期間，美軍在台灣駐有一支部隊，稱爲台灣巡邏艦隊（CTF-72）。可以看到早年受限於技術，不管設計或線條都較爲簡單，但作爲過往美軍駐台的歷史紀念，這是一個有紀念價值的收藏品

中途島基地

這是台灣廠商在 1990 年代，應美國軍方所製作的倒三角章。除了以緞帶繡出基地名稱，還有遠程海上巡邏機 P-3 的造型，以及基地駐港船艦的剪影。中間畫出中途島環礁形狀，島上鋪設的跑道亦清楚標示。最下面是兩隻在中途島最常見的黑背信天翁

F-5E/F機種章

F-E/F是目前在台最資深的戰鬥機型，機種章根據年代不同而經歷了多次的設計變更。

F-5E/F 搭配虎紋設計的盾形章

威猛的老虎對空吼嘯，加上羅馬數字的 2（II），這個章足以說明 F-5E/F 雖然舊，但依然威猛無比。別忘了，戰鬥機的性能發揮，關鍵在於駕駛飛機的人

F-16垂直尾翼彩繪

國軍在各個單位挑選飛機作為彩徵機的創作飛機，其中較為含蓄又可以兼顧到作戰需求的創作空間就屬垂直尾翼了。

第四聯隊的 6814 號機，雖然現在沒有彩繪，但它的編號正好與空軍節或 814 空戰相同，所以過去曾作爲彩繪機設計

第五聯隊太陽神馬拉道的彩色塗裝，被洛馬公司譽爲全球最美的 F-16 彩繪

空軍在美國的第 21 中隊，美軍機號 93-0721 的彩繪機尾翼的黑底左側。紅底是在右側，兩者都用了 21 中隊的招牌撲克牌 K+A 的 21 點，搭配賭徒中隊的 Gamblers，還有他們的格言，We Play to Win（天生贏家）

F-16V現役飛官機種章

F-16V是空軍近來獲得的最佳空戰載台，在接受新機種這種充滿喜悅的氛圍，設計新型機種章也就合情合理。盾形章襯底，壓上羅馬字形的V字，上面再加一架F-16V的俯視圖，按照不同級別，滾邊繡上不同顏色的色線。融合台美兩國國旗為基底，沿襲自在台美軍顧問團的臂章設計，有種承襲自1950年以來的兩國親密關係的感覺。

F-16V 銀邊通用版

F-16V 金邊資深版

F-16V 台美教官版

國軍主力戰機系列——軟膠PVC俯視機型章

在俯視的機背上添加各部隊的隊徽或機型徽，增添收藏者對這些飛機的了解。PVC成品顏色鮮艷，有不容易褪色，可製作立體部件或凹線等特點，甚至可以添加夜光效果，為收藏價值加分。

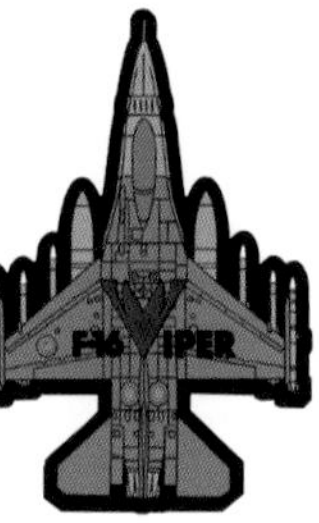

F-16V 機種章

嘉義第四聯隊 F-16V，掛載小牛飛彈

花蓮第五聯隊 F-16V，掛載 AGM-84 魚叉飛彈

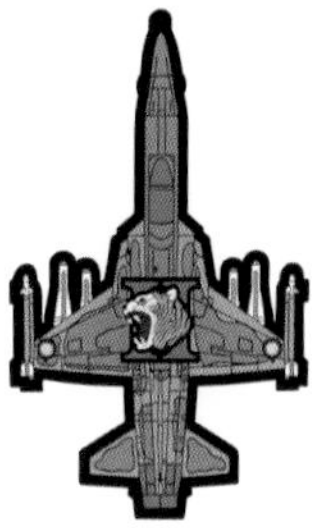

F-5E/F 機種章，台東志航基地空優迷彩 F-5E，掛載 AGM-65 小牛飛彈

台東志航基地 F-5F，叢林迷彩，機翼掛載雷射導引炸彈，左側掛載響尾蛇飛彈、右側是空戰演練儀莢艙

活動／事件紀念性臂章

除了以上較為正式之外，針對活動或事件所設計的臂章，只要戳中同好的死穴，除了會心一笑，也期待能成為自己的收藏品。這種臂章的喜好度，不會比飛官配戴的來得低，甚至會得到一線飛行員的認可。

F-16 在台成軍 25 週年紀念

21 中隊預定參加在阿拉斯加舉辦的紅旗 10-2 對抗演習所製作的章，最後演習並沒有如期參與

F-16V 參與 2022 年代號「漢光 38」的年度實兵演練紀念，背後以 21 中隊的撲克牌爲發想，用紅 V 符號代表「3」，F-16 機型做成「8」，剛好把本年度的演習代號都放了進去

來自花蓮的第五聯隊 F-16V 參與漢光 38 演習。精細的太陽神馬拉道彩繪，卡通風格的戰機，背後的 Yankee 是該中隊的無線電呼號

「鐵鳥迷」是台灣專營軍事文創禮品的店家，除了販售之外，店主也會設計、製作臂章，同時引入多種軍事紀念品供客戶選購。位於桃園火車站旁的實體店面，近年因爲電影《捍衛戰士：獨行俠》的風潮，引來不少原本非軍事同好的關注。除了臂章之外，販售各種紀念品、帽子、模型、書籍。店主福哥非常好客，會跟登門客戶交流一些收藏的資訊與動態。

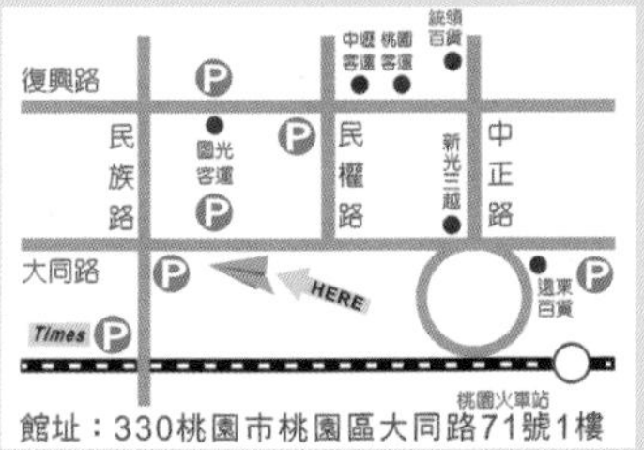

Wings Fan Journal 鐵鳥迷 航空文創館

地址：330 桃園市桃園區大同路 71 號 1 樓
電話：03-331-0719
營業時間：週一至週六，0800 至 1800（週日固定休息）
https://www.facebook.com/wingsfangoods
以上訊息以店家公布爲準

郭晉愷少校

鑄兵報國 登峰造極

陸軍步兵訓練指揮部

今日頭條1

青年日報

火力發揚 展訓練成果

核安演習軍民合作 精進防救災能量

IAEA促設安全區 籲烏俄停止砲擊

國慶開放千人觀禮 即起線上報名

訂報資訊

台灣專業軍事媒體

青年日報擁有你最需要的軍事新聞

沒有什麼比這個是支持國軍最好的管道。《青年日報》是國內唯一以軍事主題為方向的日報，是讀者可以直接接觸，權威、專業的軍事媒體。

在日常生活中，你會通過什麼管道獲得軍事相關的新聞報導？戰爭歷史當然最好就是通過書籍，因為這裡擁有你可以清楚了解一個歷史事件的完整資訊。但每日更新且日新月異的軍事新聞，最佳的訊息取得來源無疑是專業的團隊所提供的新聞。

《青年日報》是台灣版的《星條旗報》，他們提供的優質國內外軍事新聞，能夠幫助讀者了解軍事時事和國際情勢分析。成立於民國41年，過去稱為《青年戰士報》，現在就連一般民眾也可以訂閱，並且轉型為數位化國軍新聞專業單位。這是獲得專業知識又可以直接支援國軍的好方法。

另外，為了加強全民國防的認同感，青年日報社自創品牌創辦了軍事文創的部門「青文創」，研發、製造、銷售軍事風格的文創用品及紀念品。你可以在這裡買到國軍迷彩版的「藍白拖」，還可以選購堅固耐用的彈藥箱，作為個人的置物箱。甚至有許多讓人耳目一新的商品，都很適合在日常生活使用。支持國軍最好的管道，莫過於此了。

直通青文創